ABHANDLUNGEN DER DEUTSCHEN AKADEMIE
DER WISSENSCHAFTEN ZU BERLIN

Klasse für Chemie, Geologie und Biologie
Jahrgang 1958 Nr. 6

ARNO SCHÜLLER

METALLISATION UND GENESE DES KUPFERSCHIEFERS VON MANSFELD

Mit 4 Anlagen und 28 Abbildungen

AKADEMIE-VERLAG · BERLIN
1959

Vorgetragen von Hrn. SCHÜLLER in der Gesamtsitzung vom 20. März 1958
Zum Druck genehmigt am gleichen Tage, ausgegeben am 5. Februar 1959

Erschienen im Akademie-Verlag GmbH, Berlin W 8, Mohrenstraße 39

Lizenz-Nr. 202 · 100/681/59
Gesamtherstellung: VEB Druckerei „Thomas Müntzer" Bad Langensalza
Bestell- und Verlagsnummer: 2001/58/II/6
Preis: DM 4,70
Printed in Germany
ES 18 F 3

Das wichtigste Erzrevier der DDR ist zugleich das älteste Kulturgebiet Mitteldeutschlands das schon für den vorgeschichtlichen Menschen die gleiche große Bedeutung als Rohstoffquelle besaß wie für uns heute.

Der wirtschaftliche Wert und die Verschiedenartigkeit der im Kupferschiefer vorhandenen Metalle ist durch die Produktionsziffern rasch zu charakterisieren. Als Durchschnitt innerhalb der letzten 60 Jahre kann die Förderung von 1941 (F. Friedensburg 1948) in Höhe von 1 Mio t gelten. Aus dieser Erzmenge wurden gewonnen:

	16 000 t	**Cu**[1])
	3 400 t	Zn
	1 300 t	Pb[2])
	200 t	Mo[3])
	91 t	Ni
	92 t	**Ag**[4])
	39 t	V
	18 t	Se
	11 t	Cd
einige	100 kg	**Re**
	30 kg	**Au**
	25 kg	In

Das alte Abbaufeld ist die Mansfelder Mulde; durch die Untersuchung der letzten zwei Jahrzehnte ist im Süden das Erzrevier von Sangerhausen industriereif geworden. Im Norden wurde als neues Gebiet die Edderitzer Mulde geologisch und mineralogisch erforscht. Man kann berechnen (E. KAUTZSCH 1942), daß auf dieser Fläche von ca. 500 km² die enorme Metallmenge von

50 Mio t Cu [5])
100—150 Mio t Pb
200—250 Mio t Zn

im Kupferschiefer abgelagert worden sind.

Angesichts dieser riesigen Mengen von verschiedenen Metallen innerhalb eines solchen weiten Raumes gewinnt die Frage nach der Metallisation und Genese des Kupferschiefers

[1]) 800 Güterwagen

[2]) heute etwa das Dreifache

[3]) deckte den gesamten deutschen Bedarf während des ersten Weltkrieges

[4]) in 250 Jahren nahezu 8 000 t, das ist fast das Doppelte der Produktion, die der berühmte Freiberger Silberbergbau in 750 Jahren seines Bestehens lieferte: 5400 t insgesamt. Mansfeld ist somit der größte Ag-Erzeuger Mitteleuropas, was meist übersehen wird. Zeitweise betrug die Produktion 120 t jährlich.

[5]) bisher sind insgesamt 1,5 Mio t Cu produziert worden.

1*

grundsätzliche wissenschaftliche Bedeutung und außerordentliches praktisches Interesse. Wie meine Untersuchungen gezeigt haben, muß man die Antwort in mehrere Abschnitte gliedern.

1. Der Kupferschiefer

Der eigentliche Kupferschiefer bildet ein Flöz, eine dünne Schicht eines dünnplattigen, schwarzen Kalksteins, der sich aus dem Meerwasser abgesetzt hat. Er hat nur eine Dicke von 10—20 cm (feine Lette, grobe Lette, Kammschale). Darüber folgt eine etwas hellere, mehr dolomitische und sandige Schicht nochmals von 20—30 cm Mächtigkeit (Schieferkopf, Schwarze Berge). In diesen beiden Schichten liegt das Erz.

Seine Teilbarkeit erhält der Kupferschiefer durch mikrokristalline Kalzitstreifen, die von Bitumen schwarz gefärbt sind und durch feine Lagen einheitlicher anisotroper Bitumina getrennt werden. Eine neue Untersuchung der Bitumina ergab etwa 1% leichtlösliches und bis zu 14% schwerlösliches Bitumen. Für unsere Frage nach der Metallverteilung ist wichtig, daß *alles Vanadium* im Bitumen steckt und *kein Molybdän, kein Uran*. Ich nehme an, daß dieses feine Kalzitkorn deswegen so innig von Bitumen durchtränkt ist, weil es von Bakterien gefällter Kalzit ist. Aus der Biologie ist bekannt, daß Schwefelbakterien aus dem Meerwasser Kalziumkarbonate in dieser Form ausfällen.

Betrachtet man die unterste Lage des Kupferschiefers (die „feine Lette") unter dem Mikroskop, so stellt man fest, daß sie haufenweise aus Kalzitkugeln von 80—100 μ Durchmesser besteht (Abb. 1), die in dem feinkörnigen Kalzit eingebettet sind.

Diese Kalzitkugeln sind stets schalig (Abb. 2), selten auch einmal strahlig gebaut und zeigen ein feines Gerüst von bräunlichem Bitumen. Offenbar handelt es sich um Organismen, die bei Lebzeiten einen Hohlraum besaßen, denn meist ist das Bitumengerüst zusammengeknittert (Abb. 3) oder die Kügelchen sind flach zusammengedrückt (Abb. 4). Es kann sich bei diesen Gebilden nur um pflanzliche, kalkabscheidende Mikroorganismen, etwa *Kalkalgen*, handeln.

Die Vererzung der feinen Lette ist eindeutig an die Algenkalzitkugeln gebunden (Abb. 5). Die Erze überziehen in feinen Krusten diese Mikroorganismen und verdrängen sie schließlich vollständig, so daß das Erz aus lauter kleinen, gerade mit bloßem Auge noch sichtbaren Pünktchen besteht. Liegen mehrere solcher Kalzitalgen nebeneinander, so bilden sich ganze Streifen von Erz (Abb. 5).

Bei starker Vergrößerung erkennt man sehr schön, wie die Erze: Kupferkies (z. T. in idiomorphen Kriställchen), Zinkblende und Bleiglanz von außen her in das Innere hineinwachsen bis der gesamte Körper erfüllt ist (Abb. 6, Abb. 7.) Daß diese Vererzung sehr bald nach dem Absterben der Mikroorganismen erfolgte, läßt sich daran feststellen, daß Harztropfen, die sich bei der Verwesung der pflanzlichen Organismen abscheiden (die „Hieken" an der „körnigen Naht" auf der feinen Lette) bereits diese vererzten Gefüge vorfinden, wenn sie sich auf der Schichtfläche absetzen.

Aus der Vererzung dieser Algenkalzitkugeln kann man sogar chemische Feinheiten über den Zeitpunkt der Ausfällung der verschiedenen Metallsulfide ablesen. Bleiglanz (PbS) muß sehr früh ausgefällt sein; denn er konserviert am feinsten den ehemaligen Schalenaufbau und das pflanzliche Gerüst der Mikroorganismen (Abb. 8). Die Zinkblendevererzung (ZnS) trat meist ein, als die Organismen bereits zusammengesunken und breitgedrückt waren (Abb. 9), so daß die Zinkblende in Klümpchen und Streifen erscheint. Die Kupfersulfidausscheidung erfolgte offenbar zwischen den ersten beiden Extremen.

Man ist also in der Lage, aus subtilen Einzelbeobachtungen über den Aufbau des Kupferschiefers auch chemische Details über seine Metallisation und Genese auszusagen, die nicht wie einfache Lösungsreaktionen verlaufen, wie sie aus dem Laboratorium bekannt sind. Die chemische Bindung der Erze in der feinen Lette ist offensichtlich auch noch von der tektonischen Tiefenlage abhängig. Während in der Mansfelder Mulde Bornit sowie Bornit + Kupferkies vielfach Haupterz sind, treffen wir in den offensichtlich tektonisch seichteren Revieren d. h. unter geringer mächtigem Deckgebirge, ausschließlich Kupferkies und keinen Bornit an, niemals Kupferglanz. Geochemisch bedeutet dieses eine Verarmung an Eisen oder eine Anreicherung von Kupfer in größerer Tiefe. Die Gründe hierfür werden wir noch aufzeigen.

Aus diesen Beobachtungen über die Vererzung des Kupferschiefers durch Mikroorganismen wird bewiesen, daß der Kupferschiefer eine chemisch-sedimentäre, syngenetische „black-bed"-Lagerstätte ist.

Woher kommen die Lösungen, die Cu, Pb und Zn in das Meeresbecken bringen?
Auf diese Frage sind im Laufe der letzten 100 Jahre in der in- und ausländischen Literatur sehr viele Antworten gegeben worden. Die meisten Fachleute suchen einen Zusammenhang zwischen den granitischen Plutonen, von denen im benachbarten Harz und im Erzgebirge die Bildung der Erzlagerstätten ausgegangen ist. Eine solche Beziehung der Metallisation des Kupferschiefers zum Granit besteht sicherlich nicht.

2. Die Sanderze

Die Metallisation des Kupferschiefers beginnt nicht erst mit dem eigentlichen Kupferschiefer, sondern bereits viel früher in dem darunterliegenden Sanderz. Der marine Kupferschiefer transgrediert auf einen grauen Sandstein und die Erze setzen sich meist auch in den Poren des Sandsteins ab; sie bilden sein Zement. Bei hohen Erzgehalten werden die Sandkörner überkrustet (Abb. 10) und in günstigen Fällen sogar vollständig ersetzt, so daß scheinbar Geröllchen aus reinem Erz vorliegen. Leider hat man dieses Sanderz bis heute im Mansfelder Revier kaum abgebaut, obwohl auch hier bedeutende Metallmengen liegen. Die Zusammensetzung der Erze ist etwas verschieden vom Kupferschiefer. Es sind außerordentlich mannigfaltige Erzminerale: Covellin, Kupferglanz, Bornit, Kupferkies, Fahlerz (vorwiegend Tennantit), Bleiglanz und Zinkblende, Eisensulfide.

Bemerkenswert ist, das gegenüber dem auflagernden Kupferschiefer im Sanderz jeweilig die eisenärmeren bzw. kupferreichen Erzminerale auftreten. Findet sich also im Kupferschiefer Bornit als Haupterz, dann im zugehörigen Sanderz Kupferglanz und Covellin (Mansfelder Schächte.) Findet sich Kupferkies als Haupterz im Kupferschiefer, dann im Sanderz Bornit und Kupferkies, niemals aber Kupferglanz oder gar Covellin (Bohrung Edderitz 17—19). Die Erze stellen also eine bunte Mineralgesellschaft dar, die bei verschiedenen Temperaturen stabil ist, nämlich Verwitterungsminerale und hydrothermal beheimatete.

Es gibt aber außerdem noch ein *zweites* Sanderz, das ca. 40 bis 60 cm tiefer liegt. In diesem zweiten Sanderz, das ich eigentlich nur zufällig in den Tiefbohrungen entdeckt habe, sitzt das Erz im Sandkorn selbst (Abb. 11). Die Detrituskörnchen bestehen bezeichnenderweise nicht aus Quarz, sondern aus porphyrischen Ergußgesteinen, vulkanischen Gesteinen wie Quarz-Porphyren und Andesiten. Mit der Vererzung ist eine Bleichung der rötlichen Porphyre durch die Umwandlung der Silikate in Serizit, Kaolinit und Chlorit oder durch Verquarzung (Abb. 12) erfolgt. Eine solche Vererzung, die mit einer derartigen Umwandlung der silikatischen vulkanischen Gesteine verknüpft ist, wird Propylitisierung genannt und ist eine weltweit verbreitete Form der Erzlagerstättenbildung. Wir finden sie in großen Arealen der jungen Kettengebirge in Amerika, Mexiko oder in den Karpaten. Daß die Umwandlung unserer porphyrischen Gesteine eine echte Propylitisierung (Sericitisierung und Verkieselung) darstellt, zeigen in zwei besonders schönen Details die Abbildungen 13 und 14. Mit der Verkieselung der Porphyre entwickeln sich kleine Drusen und Hohlräume (Abb. 13), die von verschiedenartigen Erzen, wie Kupferkies, Bornit, Fahlerz, Bleiglanz, Zinkblende gefüllt sind und von einem Kranz idiomorph gewachsener Quarzkriställchen umsäumt werden. In einem solchen Kristallrasen aus Bergkriställchen hält sich das Erz (Abb. 14) selbst bei der Verwitterung. Aus der schartigen Form dieser Körner läßt sich ablesen, daß es sich hier unmittelbar um Verwitterungsschutt, um Grus bzw. Detritus vererzter vulkanischer Gesteine handelt. Dieses Detritus-Sanderz stellt demnach eine Seife dar.

Die propylitischen Erzlagerstätten zeichnen sich durch riesige Metallmengen (z. B. in Mexiko) aus, die aber im Gestein meist fein verteilt und nur stellenweise an Rissen und Klüften gehäuft sind. Aus einem solchen Ausgangsmaterial, aus seinem Verwitterungsdetritus und den Verwitterungslösungen sind die Metallmengen des Kupferschiefers ohne weiteres ableitbar.

Meine Erklärung über die Herkunft der Metalle des Kupferschiefers aus Rotliegenden, älteren Ergußgesteinen hatte bis vor wenigen Wochen jedoch einen bedenklichen Schönheitsfehler. In dem benachbarten Halleschen Porphyrgebiet, das sich bis zum Thüringer Wald und bis zum Flechtinger Höhenzug und bis nach Leipzig in einem weit ausgedehnten Areal erstreckt, fehlte bisher jede Spur einer solchen Vererzung. Durch Bohrungen nördlich von Halle sind heute jedoch an drei Stellen über eine Erstreckung von etwa 1 km tatsächlich echte propylitische Blei–Zink–Pyrit-Vererzungen entdeckt worden (Abb. 15), so daß man annehmen darf, daß früher, in geologischer Vorzeit, größere Gebiete solcher Vererzung abgetragen wurden, da sie von der Verwitterung besonders leicht zerstört werden. Durch diese genetischen Beziehungen zu propylitischen Vulkaniten ergeben sich für das Aufsuchen neuer Erzvorkommen im Kupferschieferbecken neue Perspektiven, denn am Rande derartig alter Vererzungsgebiete sind auch die Gehalte im Kupferschiefer-Kalkstein und -Plattenmergel selbst günstig und von besonderer Art. Teilweise können wir die Gebiete der alten Verwitterungslagerstätten bereits abgrenzen.

3. Die Gangvererzung in den „Rücken“

Mit den beschriebenen syngenetischen Vererzungen des Kupferschiefers ist aber die Mineralisation im Mansfelder Revier und sicherlich auch in dem neu erschlossenen Sangerhäuser Revier noch keineswegs abgeschlossen. Nach meiner Überzeugung sind Metallgehalte mit mehr als 5% (Cu, Pb, Zn), d. h. mehr als 50 kg Metall/t nicht syngenetisch-sedimentärer Entstehung. Alle höheren Metallgehalte bis 120 kg und mehr/t sind durch eine dritte, spätere Vererzung ganz anderer Art in den Kupferschiefer gelangt. Diese Form der Vererzung sitzt in den sogenannten „Rücken“ oder geht von diesen aus und in den Schiefer hinein. Die „Rücken“ sind schmale, oft nur wenige Zentimeter breite Gangspalten. Gelegentlich erweitern sie sich bis zu 1 m. Sie sind besonders im Mansfelder Revier außerordentlich zahlreich und haben Erstreckungen von mehreren Hundert Metern und mehreren Kilometern Länge (E. KAUTZSCH 1953). Ihre Richtung verläuft etwa Ost–West, wie die der Unter- und Oberharzer Erzgänge.

Aus der Paragenese ist zu erkennen, daß diese Rücken normale hydrothermale Erzgänge sind mit einer völlig andersartigen, erst zum Schluß wieder Cu, Pb, Zn und Ag führenden Mineralgesellschaft. Durch diese Metallisation in der Schlußphase ist die Vererzung mit der syngenetischen Vererzung der im Meer gebildeten Sedimente verwechselt worden.

Die Erzfüllung in diesen Gangspalten beginnt stets mit gediegen Wismut in ästigen Dendriten (Abb. 16). Diese werden zunächst von Rotnickelkies (NiAs) überwachsen, ihm folgen Maucherit (Ni_4As_3) in selten guter, tafliger Form, in anderen Fällen auch Rammelsbergit ($NiAs_2$) (Abb. 17) in besonders schönen Dendriten oder beide auch derb und massig;

Safflorit und Kobaltglanz sind in Mansfeld sehr selten, in Sangerhausen häufiger. Diese arsenidische Bi–Ni–Co-Vererzung ist niemals — wie auch sonst in der Welt — außerhalb der „Rücken"-Spalten zu finden.

Interessant wird die Paragenese durch das Auftreten von Uran–Molybdän–Rhenium. Mansfeld besaß lange Zeit das Monopol als einziger Rheniumproduzent in der Welt. Die Ausscheidung der Uranpechblende erfolgt im Anschluß an die Nickelarsenide nach einer tektonischen Phase, in der diese zerbrechen (Abb. 18). Man findet in winzigen, oft kaum sichtbaren Tröpfchen Uranpecherz im Rotnickelkies oder Rammelsbergit. In dieser Periode scheidet sich als Gangart Baryt (Abb. 19) ab, der in der Nähe der radioaktiven Uranpechblende durch Roteisen gefärbt wird. Uranpechblende lagert sich auf den Korngrenzen der barytischen Gangart ab oder wird von Baryt überwachsen und erzeugt in ihm gelbliche, radioaktive Höfe. P. Ramdohr (1957) hat in seiner zusammenfassenden Darstellung dieser Erscheinungen ähnliche Beobachtungen mitgeteilt. Ein bemerkenswertes und bisher noch nicht bekanntes Phänomen radioaktiver Zerstörung verursacht die Pechblende in den Quarzkristallen. Am Ende der Kristallisation des Quarzes erscheint die Pechblende in feinen Einschlüssen an den Grenzen der zonar wachsenden Kristalle und auf Rissen (Abb. 20). Auf der Abbildung liegt ein solcher Quarzkristall in Pechblende eingebettet, die Ba-Sulfat und auch Ca-Sulfat verdrängt. Im polarisierten Licht erkennt man in wunderbarer Weise die von der Pechblende verursachte Anisotropisierung des Quarzgitters in Form feingegitterter Auslöschung (Abb. 21), ganz ähnlich wie bei einer Mikroklin-Gitterung. Besonders stark sind diese Gitterstörungen an den mit Pechblende gefüllten Rissen oder auch auf den rhythmisch wachsenden Kristalloberflächen. Auf ihnen liegt die Pechblende (Abb. 22) in feinen Tröpfchen oder Warzen; man erkennt ganz deutlich, daß von ihr die radioaktiven Höfe erzeugt werden; sie umhüllen die Tröpfchen wie ein Lichthof. Bildet die Pechblende einen zusammenhängenden Belag, so erfolgt eine stengelige Anisotropisierung, wie in den beiden äußeren Zonen.

Als nächstes Mineral scheidet sich auf der warzigen und kolloformen Pechblende (Abb. 23) ein sehr merkwürdiger Molybdänglanz aus (P. Ramdohr 1924). Dieser beginnt mit einer gelben, deutlich härteren und schwächer anisotropen Komponente, in der Rhenium angereichert ist, wie wir schon vor Jahren spektroskopisch nachweisen konnten. Auf Grund der unterschiedlichen Härte, Farbe, Anisotropie und Kristallaggregation liegt aller Wahrscheinlichkeit nach hier Rhenium als eigenes Mineral, als Rheniumsulfid ReS_2 vor. Es ist aber recht schwierig, reines Material für Röntgenaufnahmen und Spektroskopie in ausreichender Menge zu isolieren, so daß wir uns weiter um quantitative Daten bemühen müssen. Aus den Röntgenaufnahmen geht aber eindeutig eine Gitteraufweitung gegenüber Molybdänglanz hervor (vgl. die Daten in Anlage 1). Das Verhältnis zwischen Molybdän (200 t) und Rhenium (200 kg) ist im Erz etwa 1000:1!, wie man aus den Produktionszahlen entnehmen kann.

Diese interessante und wirtschaftlich wertvolle Paragenese mit U–Mo–Re wird durch wandernde asphaltähnliche Bitumen aufgelöst und zerstört. Man kann leicht durch Radiogramme zeigen (Abb. 24)[1]), daß die Uranpechblende in den asphaltähnlichen Massen tatsächlich aufgelöst wird und eine komplexe Verbindung bildet, die radioaktiv ist. Es liegt also echter „Thucholith" bzw. ein „Radio-Anthraxolith" vor. Die Reste von Pechblende geben sich als intensiv schwarze Punkte auf dem Radiogramm (Abb. 24) zu erkennen. Bei starker Vergrößerung (Abb. 25, normales Auflicht, sowie Abb. 26, +Nic.) erkennt man einwandfrei, daß um die restlichen Körner der Uranpechblende optisch anisotrope und pleochroitische Spannungshöfe im Anthraxolith hervorgerufen werden. Je größer diese Reste sind, desto vollkommener ringförmig erscheint die Anisotropisierung der asphaltischen Bitumina. Je

[1]) aus technischen Gründen bei Abb. 15

feiner diese Reste sind, desto ähnlicher wird die radioaktive Spannungsdoppelbrechung einer Mikroklingitterung. Hingegen wird der Molybdänglanz nur suspendiert und schwimmt dann in feinen Plättchen in den Bitumentropfen (Abb. 27).

Eine wichtige, wenn auch selten mögliche Feststellung über die Metallfolge in diesen hydrothermalen Gängen erlaubt das Bild 28. Es bestätigt zunächst die vielfache Beobachtung, daß die Uran–Molybdän-Minerale mit der Ausscheidung und am Ende der Ausscheidung der Gangarten, der Sulfate, des Quarzes und der Karbonate erfolgt. Die kugeligen Aggregate von Rhenium–Molybdän-Sulfiden werden gerade noch in die Karbonate eingeklebt und ragen als Kugeln aus deren Oberfläche hervor (Abb. 28).

Und nun erst erscheinen auf diesen hydrothermalen Gängen, den „Rücken", die *Kupfersulfide* wieder, insbesondere ein sehr heller silber–blei-reicher Kupferglanz (Cu_2S), der in feinen Reaktionssäumen von Bornit (Cu_5FeS_4) verdrängt wird. Solche Verdrängungen führen meist zu einem innigen Gemenge beider Mineralarten mit myrmekitischem (wurmähnlichem) Gefüge; das Kupfersulfid nimmt also in Lokalreaktion Fe auf. Stets ist der Kupferglanz von gediegen Silber begleitet. Meist endet in Äderchen der Kupferglanz mit einer feinen Spitze von gediegen Silber. Alles Silber des Mansfelder Kupferschiefers stammt in Wirklichkeit nicht aus dem Schiefer selbst, sondern aus diesen Gangspalten oder, wenn sie ausgequetscht werden, von den zurückbleibenden Harnischen.

Primäres und ausschließliches Kupfererz der Rücken ist Kupferglanz. Alle anderen Kupferminerale, mit Ausnahme des letzten Kupferkieses, und alle anderen Silberminerale als das gediegene Silber (wie Silberglanz, Jalpait, Stromeyerit) sind Reaktionsprodukte mit diesem Kupferglanz.

Dieser Kupferglanz verdient wieder besondere Aufmerksamkeit. Zunächst hat er offenbar im Kristallgitter Ag und Pb eingebaut, dadurch entsteht seine ungewöhnliche Optik. In den letzten Wochen haben wir außerdem zu unserer Überraschung festgestellt, daß das vielgesuchte *Germanium* in diesem Kupferglanz vorkommt, was technisch von großer Bedeutung werden kann. Nach dem Auftreten des Germaniums in den bisher bekannten Lagerstätten (Tsumeb, Leopoldville) sucht man es im Bornit (als „Reniérit" mit einem Ge-Gehalt von 6—10-Gew.%)

Fast stets nach dem Kupferglanz und oft mit ihm myrmekitisch oder körnig verwachsen, stellen sich erneut grober Bleiglanz und seltener Zinkblende sowie Kupferkies, am Schluß Eisenhydroxyde, z. B. schöner farbiger Goethit, sowie Strontium in Form von Strontianit und rotgefärbter Strontium-Baryt ein. Es läßt sich auf Grund der mikroskopischen Eigenschaften vermuten, daß diese Sulfide interessante Mischkristalle bilden, in denen auch Indium und Gallium angereichert sind. In dieser letzten Metallisationsphase findet sich ein neues Mineral, daß ich als „Betechtinit" (Pb, Fe, Cu) S . $Cu_{10}S_5$ beschrieben habe (Schüller, Wohlmann 1955). Es ist eine „Kristallverbindung" zwischen Kupferglanz und Bleiglanz, wächst in schwarzen Nadeln und ist mit feinen Härchen von gediegen Silber bedeckt. Betechtinit ist nicht selten, aber bisher irrtümlicherweise als das Wismut-Mineral Wittichenit (Cu_3BiS_3) oder als Kupferglanz bestimmt worden (A. Schüller 1958).

Wie ich gezeigt habe, läßt sich diese *dritte* und besonders wirtschaftlich wichtige Metallisation im Mansfelder Kupferschiefer durch ihre Metallfolge und die Besonderheit ihrer Mineralverbindungen sehr scharf von der eigentlichen, sedimentären Kupferschiefervererzung abtrennen.

Da die Rücken als Spalten den gesamten untersten Zechstein-Dolomit durchsetzen, und gelegentlich sogar bis in den hangenden Anhydrit hinaufreichen (E. Kautzsch 1953), müssen sie jünger als der Zechstein sein. Man kann sie also nicht mit den Harzer Erzgängen gleichsetzen, obwohl sie ein gleichgerichtetes Spaltensystem füllen. Am einfachsten läßt sich ihre Bildung verstehen, wenn man sie im Sinne von H. Schneiderhöhn als varistisch angelegte, aber saxonisch durchgepauste, vielleicht sogar jungjurassische (E. Kautzsch 1953) Lagerstätte auffaßt, die aus dem Untergrund in ein höheres Stockwerk eingewandert ist.

ZUSAMMENFASSUNG

Das *Ergebnis* unserer Untersuchungen über die Genese des Mansfelder Kupferschiefers läßt sich in folgender Weise zusammenfassen:

Die Metallisation des Kupferschiefers ist in 4 Etappen erfolgt, die den Zeitraum vom Rotliegenden bis „Nach"-Zechstein, also einige Millionen Jahre, umspannen.

1. Etappe: In den Quarzporphyren und Andesiten der vulkanischen Gesteine des Rotliegenden fand eine primäre, propylitisch-hydrothermale Vererzung mit Kupfer–Blei–Zink-Sulfiden statt, wie sie auch sonst auf der Welt verbreitet ist.

2. Etappe: Der Verwitterungsschutt dieser alten Lagerstätten wurde in Seifen als Sanderz erneut konzentriert. Die Inseln dieser Verbreitungsgebiete lassen sich teilweise schon abgrenzen.

3. Etappe: Die Verwitterungslösungen der Erze wurden durch Mikroorganismen und ihre Verwesungsprodukte im Meer des Kupferschiefers syngenetisch-sedimentär ausgefällt. Diese Vererzung findet weiträumig statt.

4. Etappe: Nach der Bildung des eigentlichen Kupferschiefers drangen in diesen hydrothermale Gänge ein, in denen Wismut, Nickel, Kupfer, Silber und seltene Metalle zugeführt wurden, die den Metallgehalt des Kupferschiefers stellenweise wesentlich erhöhten.

Der Mansfelder Kupferschiefer ist ein schönes Beispiel, an dem man zeigen kann, wie kompliziert und komplex die Vorgänge in der Natur sind und wie viele günstige Umstände zusammentreffen müssen, wenn eine große Erzlagerstätte entstehen soll. Auf die wichtigsten geologisch-tektonischen Vorgänge, die ausschlaggebend den Raum und damit die Möglichkeit für die Speicherung der Lagerstätte beschaffen, wurde nicht eingegangen (H. Koelbel, E. Kautzsch).

Für den Mineralogen sind die Untersuchungen über die Metallisation und Genese des Kupferschiefers eine dankbare Aufgabe, da man daraus für das Auffinden neuer Lagerstätten wichtige Hinweise entnehmen kann. Für die bergmännische und hüttenmännische Gewinnung der Metalle, für die Frage, wo sie in konzentrierter Form zu finden sind und in welcher chemischen Bindung sie vorliegen, liefern derartige detaillierte Studien grundlegende Aussagen.

Anlage 1/1

Röntgenographische Mineraldiagnose der Molybdän-Rhenium-Sulfide

1. Molybdänglanz, Chlotildeschacht, Hst. 203; Mo-$K\alpha$-Strahlung, Zr-Filter; Präparat 0,3 ∅, Blende 0,5 mm; Aufn. 47/58. Dipl.-Min. Pollmann
2. Rhenium-(Molybdän-)Sulfid, Zirkelschacht, Hst. 140; dieselben Aufnahmebedingungen; Aufn. 46/58. Dipl.-Min. Pollmann

	1.			2.		
	d_{hkl} in Å	Int.	log sin f. $Mo_{K\alpha}$	d_{hkl} in Å	Int.	log sin f. $Mo_{K\alpha}$
1	6,1	sst	8,7660	6,1	st	8,7660
2	3,64	m	8,9894	2,83	st	9,0981
3	2,74	sst	9,1130	2,38	s-m	9,1747
4	2,29	sst	9,1895	2,13	s	9,2221
5	2,06	s	9,2373	1,90	m	9,2727
6	1,78	m	9,2997	1,65	s-m	9,3330
7	1,59	st	9,3488	1,60	s	9,3455
8	1,54	st	9,3618	1,30	ss	9,4360
9	1,39}	ss	9,4073			
10	1,17}	ss	9,4829			
11	1,12	s-m	9,5015			
12	1,04	ss	9,5341			
13	1,03	ss	9,5382			
14	0,93	s	9,5828			

1. Beide Komponenten haben gleichen Gitterbau trotz erheblicher erzmikroskopischer Unterschiede.
2. Eine Aufweitung des Gitters der Rheniumsulfid-Komponente ist eindeutig: Vergrösserung der *d*-Werte um durchschnittlich 0,08 Å.
3. Verbreiterung des größten Teils der Interferenzen bei der Re-Probe, obgleich die Kristallbildung unter dem Mikroskop eher besser erscheint als bei der Mo-Probe.
4. Verschwinden der Linien unter größeren Beugungswinkeln (Aufn. 46). Wahrscheinliche Ursachen: Gitteraufweitung, statistische Mischkristallbildung.

Vergleiche die Röntgenogramme der folgenden drei Aufnahmen

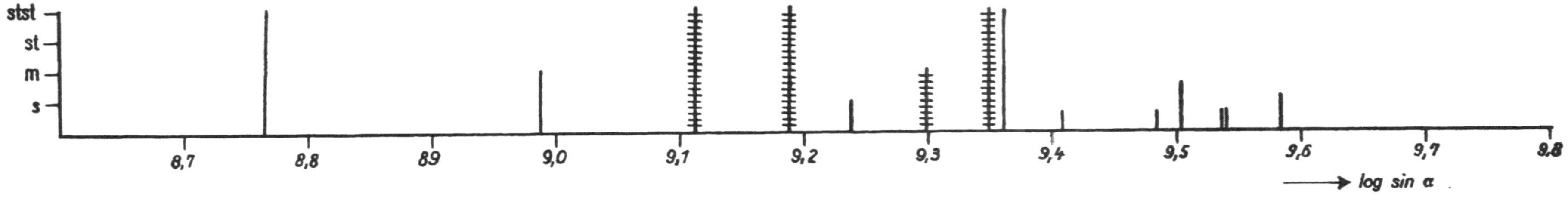

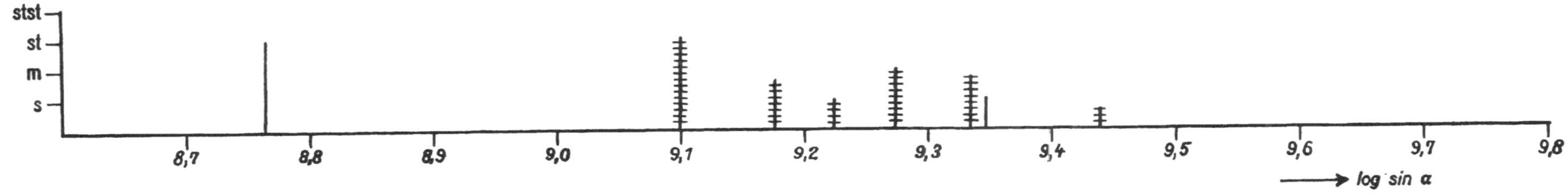

Anlage 1/2

Mineralname: Molybdänglanz **Formel:** MoS_2 Z = ...

Systematische Gruppe:

Gitterkonstanten: a_0 = ... b_0 = ... c_0 = ... α = ... β = ... γ = ...

Achsenverhältnis: a:b:c = ... Lichtbrechung: Ng ... Nm ... Np ...

Dichte: gem.: ... berechn.: ... Fundort: ...

Gittertyp: ... Lagerstättentyp: ...

Raumgruppe: ...

Strahlung: $Co_{K\alpha}$ λ = ...	Belichtungszeit: ...
Filter: ...	V primär ... = KV ...
Präparat ⌀ ...	... A: ... mA
Blende: ...	
Kamera Nr: ... ⌀ ...	Aufnahme Nr: ...

Literatur: G.A. Harcourt, Amer. Min. 27 (1942) 92

Netzebenenabstände, Intensitäten und log $\sin_\alpha$-Werte für $Cu_{K\alpha}$-, $Co_{K\alpha}$- und $Fe_{K\alpha}$-Strahlung

Nr.	d_{hkl} in Å	Int.	log sin α f. $Cu_{K\alpha}$, $Co_{K\alpha}$, $Fe_{K\alpha}$	Nr.	d_{hkl} in Å	Int.	log sin α f. $Cu_{K\alpha}$, $Co_{K\alpha}$, $Fe_{K\alpha}$	Nr.	d_{hkl} in Å	Int.	log sin α f. $Cu_{K\alpha}$, $Co_{K\alpha}$, $Fe_{K\alpha}$
1.	6.61	s	9.1309	17.	1.22	ss	9.8640	33.			
2.	5.63	m	9.2006	18.	1.20	ss	9.8737	34.			
3.	2.74	s	9.5133	19.	1.10	s	9.9097	35.			
4.	2.66	ss	9.5262	20.	1.03	s	9.9366	36.			
5.	2.49	ss	9.5549	21.	1.02	ss	9.9421	37.			
6.	2.27	st	9.5951	22.	1.00	s	9.9502	38.			
7.	2.04	s	9.6415	23.	0,97	ss	9.9652	39.			
8.	1.82	st	9.6910	24.	0.95	s	9.9720	40.			
9.	1.64	ss	9.7376	25.	0.91	ss	9.9911	41.			
10.	1.58	s	9.7530	26.	0.90	ss	9.9964	42.			
11.	1.53	m	9.7664	27.	0,89	s	9.9998	43.			
12.	1.48	ss	9.7823	28.	0.87	ss	0	44.			
13.	1.37	ss	9.8160	29.	0.86	ss	0	45.			
14.	1.34	s	9.8256	30.	0.83	ss	0	46.			
15.	1.30	s	9.8388	31.				47.			
16.	1.25	s	9.8538	32.				48.			

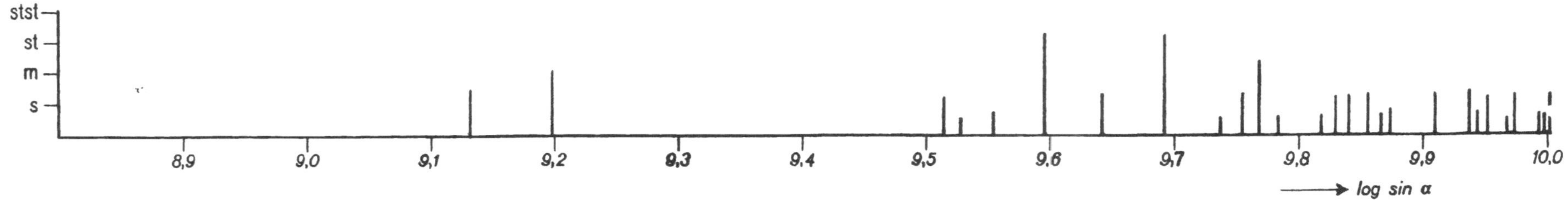

Anlage 1/3

Mineralname: Molybdänglanz
Systematische Gruppe:

Formel: MoS_2 Z =

Gitterkonstanten: a_o = b_o = c_o = α = β = γ =

Achsenverhältnis: a:b:c = Lichtbrechung: Ng Nm Np

Dichte: gem.: berechn.: Fundort: Eidsberg Prestegjoldin, Telemarken, Norwegen

Gittertyp: Lagerstättentyp:

Raumgruppe:

Strahlung: CoK_α λ =	
Filter: Fe	Belichtungszeit: 3 Std
Präparat ⌀ 0,4 mm	V primär 75 = KV
Blende: 1 mm	A: 8 mA
Kamera Nr: 4 ⌀	Aufnahme Nr: 1/154/49

Literatur:

Netzebenenabstände, Intensitäten und log $\sin_\alpha$-Werte für $Cu_{K\alpha}$-, $Co_{K\alpha}$- und $Fe_{K\alpha}$-Strahlung

Nr.	d_{hkl} in Å	Int.	log sin α f. $Cu_{K\alpha}$ $Co_{K\alpha}$, $Fe_{K\alpha}$	Nr.	d_{hkl} in Å	Int.	log sin α f. $Cu_{K\alpha}$ $Co_{K\alpha}$, $Fe_{K\alpha}$	Nr.	d_{hkl} in Å	Int.	log sin α f. $Cu_{K\alpha}$ $Co_{K\alpha}$, $Fe_{K\alpha}$
1.	5.92	sst	9.1789	17.	1.09	st	9.9125	33.			
2.	2.98	ss	9.4775	18.	1.03	m	9.9390	34.			
3.	2.73	ss	9.5152	19.				35.			
4.	2.46	ss	9.5598	20.				36.			
5.	2.24	st	9.6007	21.				37.			
6.	2.02	st	9.6449	22.				38.			
7.	1.84	st	9.6890	23.				39.			
8.	1.61	ss	9.7431	24.				40.			
9.	1.57	s-m	9.7567	25.				41.			
10.	1.52	st	9.7692	26.				42.			
11.	1.47	ss	9.7847	27.				43.			
12.	1.33	m-st	9.8283	28.				44.			
13.	1.29	m	9.8474	29.				45.			
14.	1.24	m	9.8577	30.				46.			
15.	1.22	s-m	9.8656	31.				47.			
16.	1.19	s-m	9.8765	32.				48.			

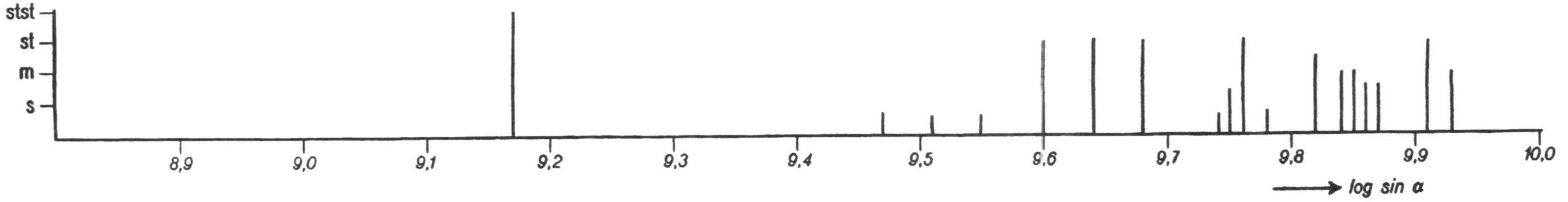

Anlage 1/4

Mineralname: Molybdänglanz
Systematische Gruppe:

Formel: MoS_2 Z =

Gitterkonstanten: a_o = b_o = c_o = α = β = γ =

Achsenverhältnis: a:b:c = Lichtbrechung: Ng Nm Np

Dichte: gem.: berechn.: **Fundort:** Langesund, Norwegen

Gittertyp: **Lagerstättentyp:**

Raumgruppe:

Strahlung: $Co_{K\alpha}$ λ =	Belichtungszeit: 3 Std
Filter: Fe	V primär 75 = KV
Präparat ⌀ 0.4 mm	A: 8 mA
Blende: 1 mm	
Kamera Nr: ⌀	Aufnahme Nr: 1/50/49

Literatur:

Netzebenenabstände, Intensitäten und log $\sin_\alpha$-Werte für $Cu_{K\alpha}$-, $\underline{Co_{K\alpha}}$- und $Fe_{K\alpha}$-Strahlung

Nr.	d_{hkl} in Å	Int.	log sin α f. $Cu_{K\alpha}$ $\underline{Co_{K\alpha}}$, $Fe_{K\alpha}$	Nr.	d_{hkl} in Å	Int.	log sin α f. $Cu_{K\alpha}$ $\underline{Co_{K\alpha}}$, $Fe_{K\alpha}$	Nr.	d_{hkl} in Å	Int.	log sin α f. $Cu_{K\alpha}$ $Co_{K\alpha}$, $Fe_{K\alpha}$
1.	6.89	s-m	9.7128	17.	1,33	s	9.8280	33.			
2.	6.08	st	9.1672	18.	1.29	s	9.8402	34.			
3.	3.16	ss	9.4521	19.	1.24	m	9.8569	35.			
4.	3.05	ss	9.4672	20.	1.22	s	9.8655	36.			
5.	2.70	ss	9.5192	21.	1.19	s^b	9.8765	37.			
6.	2.65	ss	9.5278	22.	1.10	m	9.9118	38.			
7.	2.49	ss	9.5543	23.	1.03	m	9.9380	39.			
8.	2.26	s-m	9.5972	24.				40.			
9.	2.18	ss	9.6127	25.				41.			
10.	2.03	s-m	9.6442	26.				42.			
11.	1.87	ss	9.6794	27.				43			
12.	1.81	s-m	9.6930	28.				44.			
13.	1.63	ss	9.7402	29.				45.			
14.	1.57	s	9.7564	30.				46.			
15.	1.52	m	9.7692	31.				47.			
16.	1.47	ss	9.7844	32.				48.			

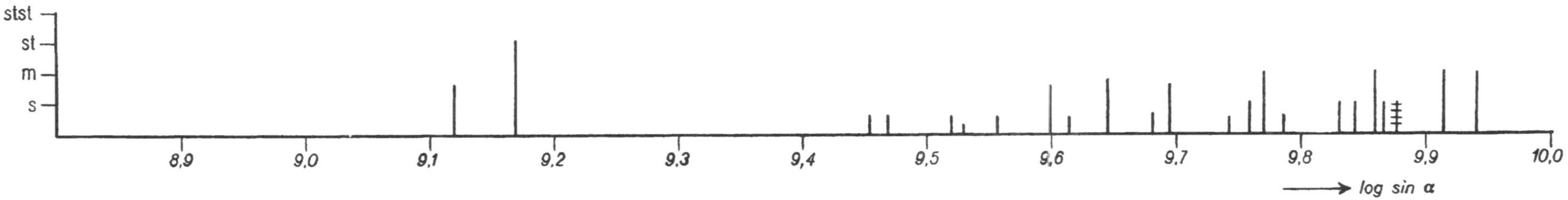

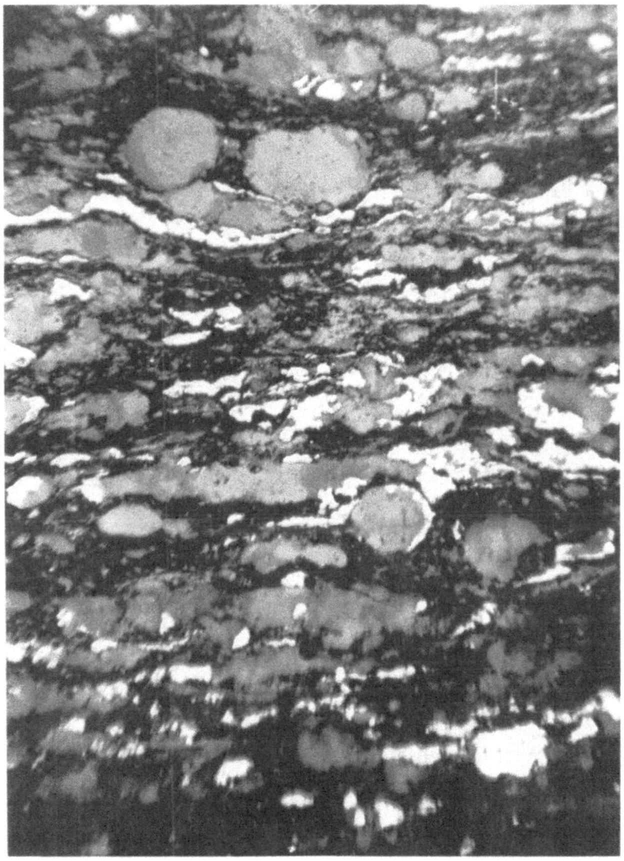

Abb. 1. Paulschacht 20/26, Handst. 46, grobe Lette, Lage 2. Algenkalzitkugeln. Streifen von rekristallisiertem Kalzit (weißgrau). Erz (weiß): Streifen von Kupfer–Blei–Zink-Sulfiden in der Grundmasse verdrängen z. T. auch die Algenkalzitkugeln. Graphitreiches Zement mit Quarz (schwarz), V = 75 ×

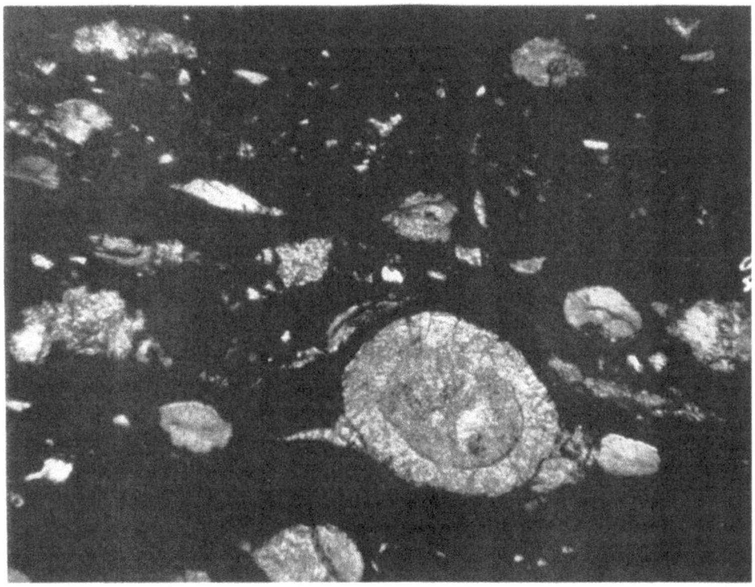

Abb. 2. Bohrung Edderitz 12/52, Probe M 3, feine Lette. Algenkalzitkugeln. Zwei Arten verschiedener Größe. Große Kugel mit schaligem, bitumenreichen Innenkörper; kleine Kugeln elliptisch zusammengefallen, mit deutlich schwarzem Bitumen. Die Bitumina sind Rückstände von pflanzlichem Zellgewebe. Schwarzer Untergrund: bitumenreicher, bakterieller Kalzit. V ca. 100 ×

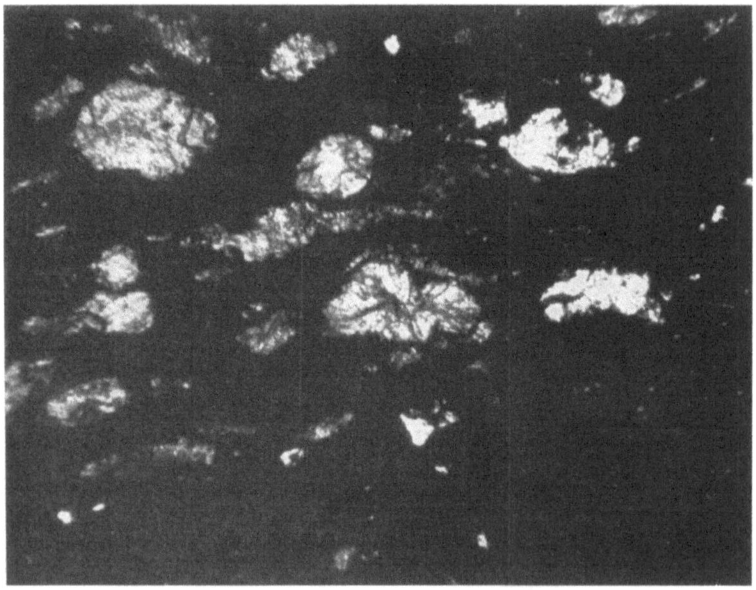

Abb. 3. Bohrung Edderitz 19/54, Probe 3, feine Lette. Algenkalzitkugeln, z. T. zusammengefallen und daher mit zerknittertem, bituminösem, ehemaligem Zellgewebe. V ca. 75 ×

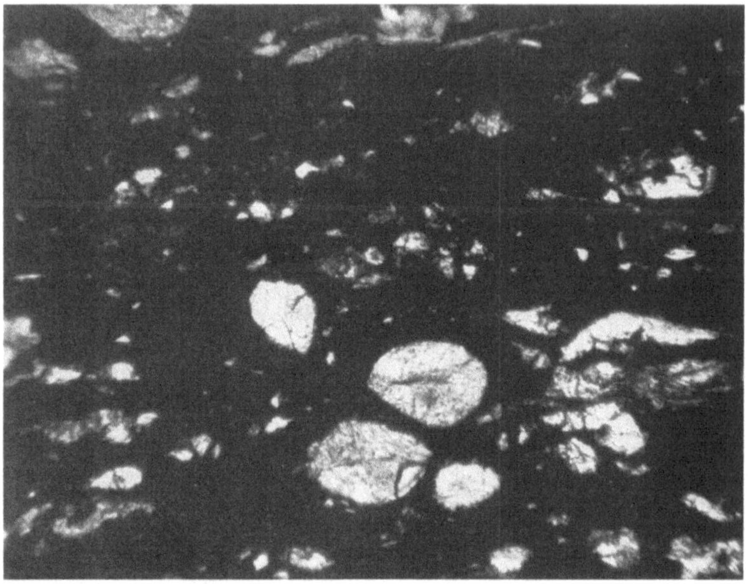

Abb. 4. Bohrung Edderitz 12/52, Probe 3, feine Lette. Algenkalzitkugeln mit bituminösem, restlichem Zellgewebe und beginnender Rekristallisation durch idiomorphen Kalzit (Mitte oben und rechts Mitte), wobei das Bitumen verschwindet. V = 75 ×

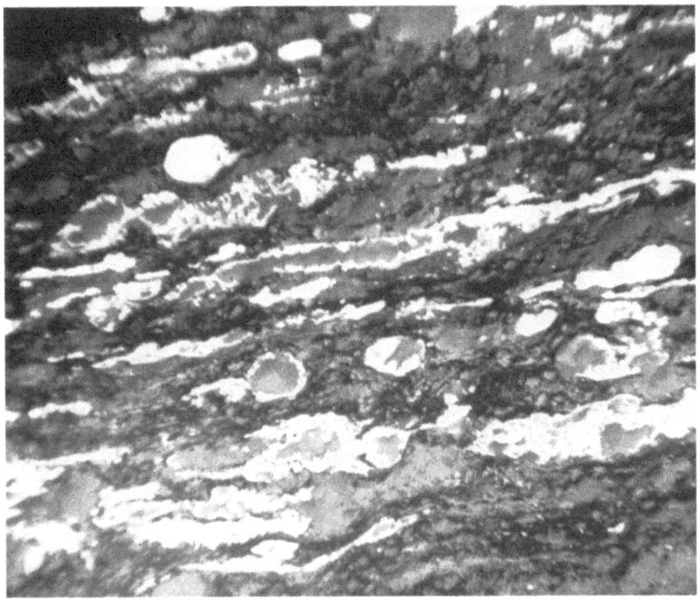

Abb. 5. Paulschacht 20/26, Handst. 25, grobe Lette, Lage 4. Gangart: Algenkalzitkugeln und Streifen von rekristallisiertem Kalzit (verschieden grau). Quarzschluffkörnchen (mit hohem Relief). Erz (weiß): Kugeln von Kupfersulfiden und Zinkblende, Netze und Streifen von schaumiger Zinkblende. V = 75 ×

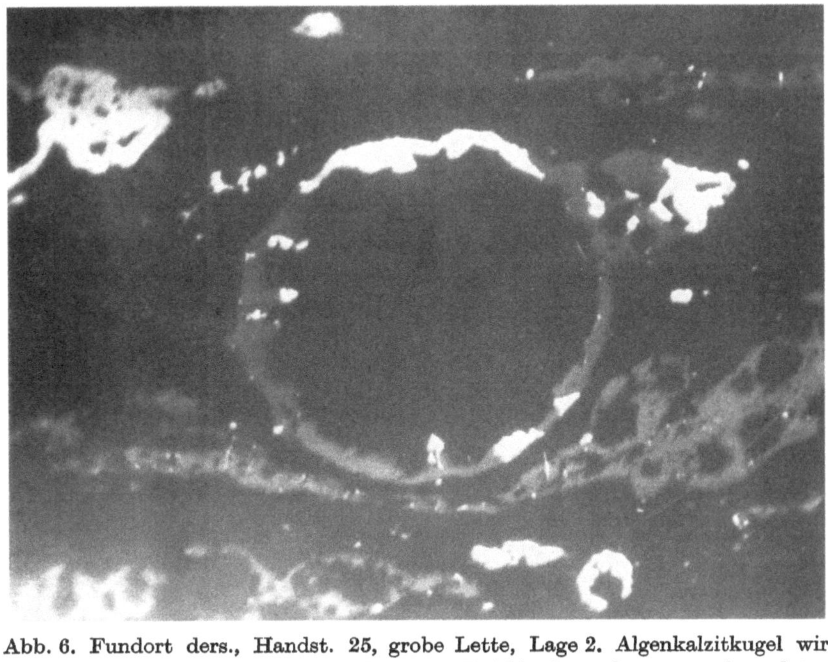

Abb. 6. Fundort ders., Handst. 25, grobe Lette, Lage 2. Algenkalzitkugel wird von Kupfer–Blei–Zink-Sulfiden umkrustet. Zinkblende umkrustet und verdrängt organische Hohlformen, die z. T. zusammengequetscht werden. Ölimmersion. V = 250 ×

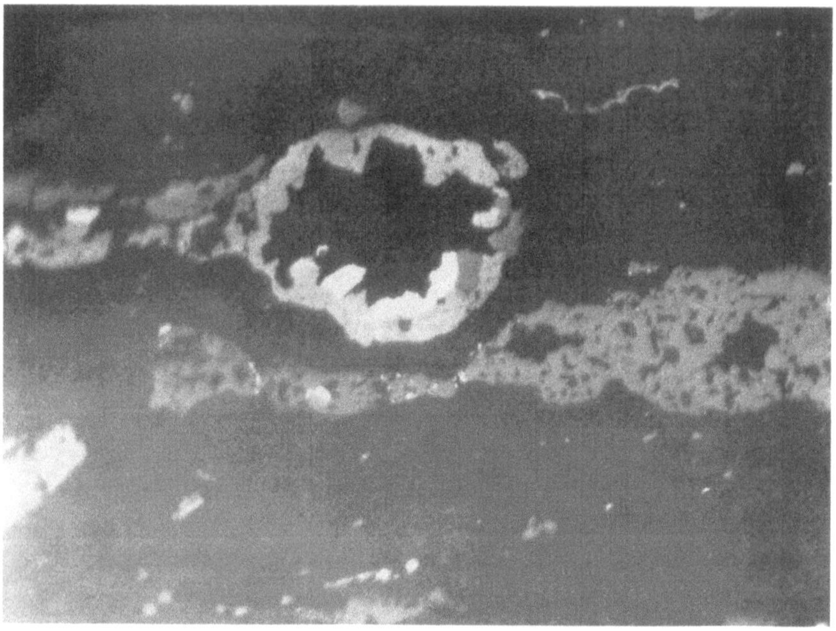

Abb. 7. Fundort ders., Handst. 25, grobe Lette, Lage 2. Fortschreitende Verdrängung von Algenkalzitkugeln durch Kupfer–Blei–Zink-Sulfide, die mit scharfen Kristallkanten in das Innere hineinwachsen. Zinkblende (grau) verdrängt und umkrustet andersartige organische Reste. Winzige Fünkchen von Erzen in der Grundmasse. V = 250 ×

Abb. 8. Bohrung Edderitz 12/52, Probe M 3, grobe Lette. Algenkalzitkugel, deren schaliger Aufbau durch Bleiglanz aufs feinste abgebildet wird. Restliche Bitumina zeichnen die Schalen ab. V = 140 ×

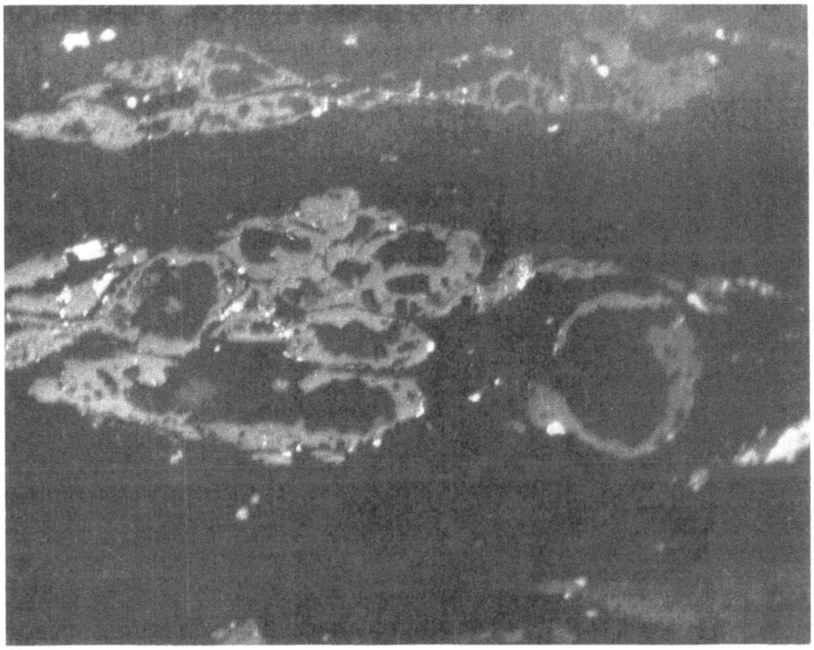

Abb. 9. Paulschacht 20/26, Handst. 25, grobe Lette, Lage 2. Inkrustationen und Verdrängungen von Hohlorganismen durch schaumige Zinkblende (dunkelgrau). Kupferkies, Bleiglanz, Bornit (weiß) V = 250 ×

2. Sanderz- und Detritus-Sanderz-Paragenese

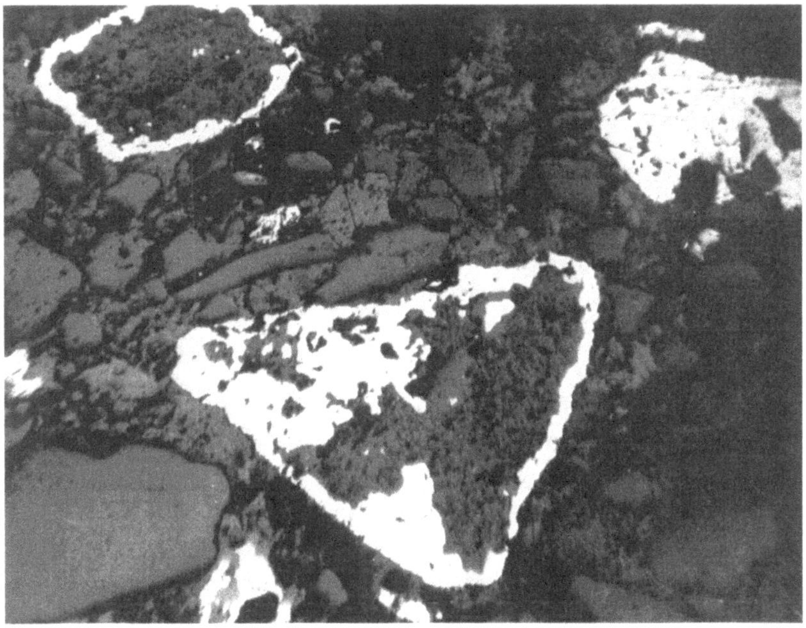

Abb. 10. Bohrung Edderitz 28, Probe I. Von Kupferkies umkrustete Silikatgesteine V = 110 ×

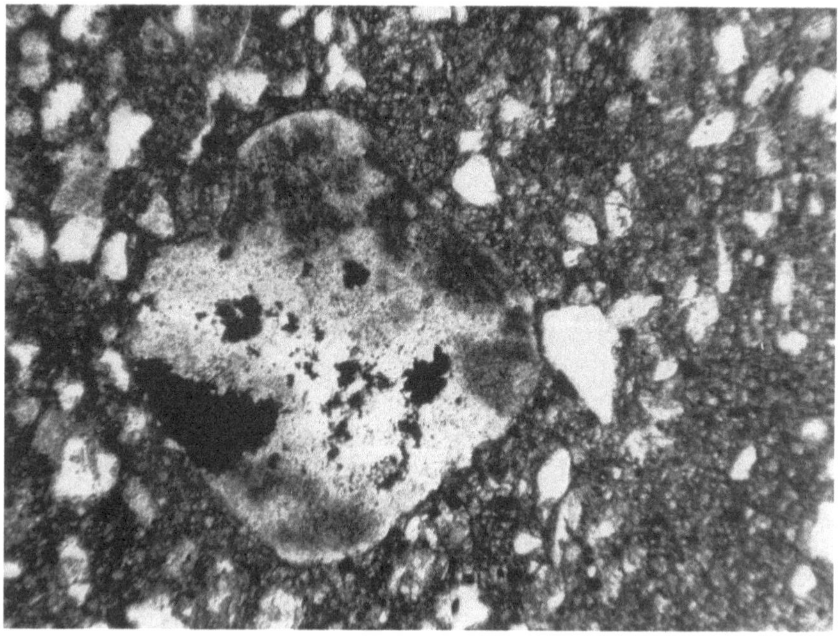

Abb. 11. Probe III, Fundort ders. Geröll von Porphyr mit Erzimprägnationen, enteisenten und entalkalisierten, daher verkieselten Rändern um die Sulfide. Beweis für hydrothermale primäre Imprägnation. V = 110 ×, + Nic.

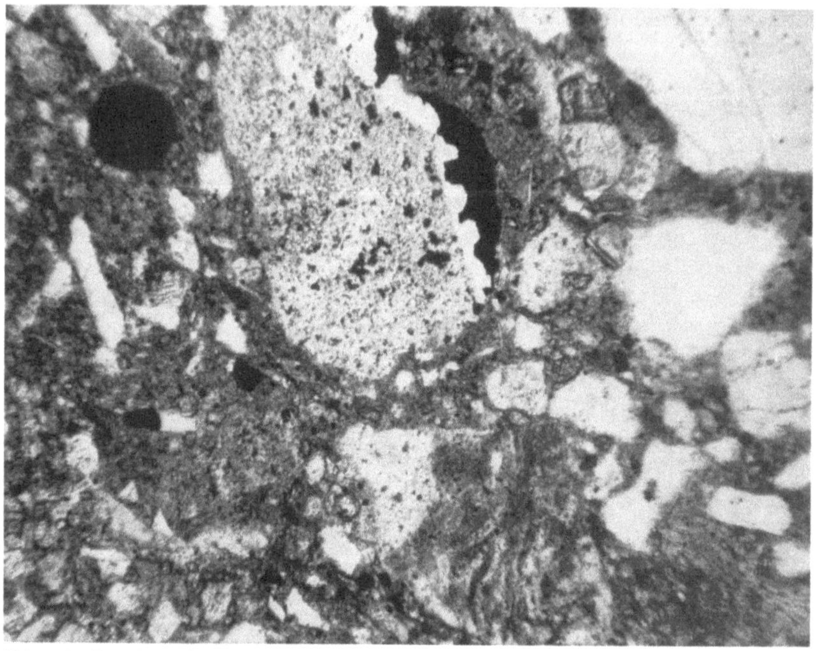

Abb. 12. Fundort ders., Probe III. Porphyrgeröllchen mit hydrothermaler Verquarzung und Vererzung. V = 110 ×, — Nic.

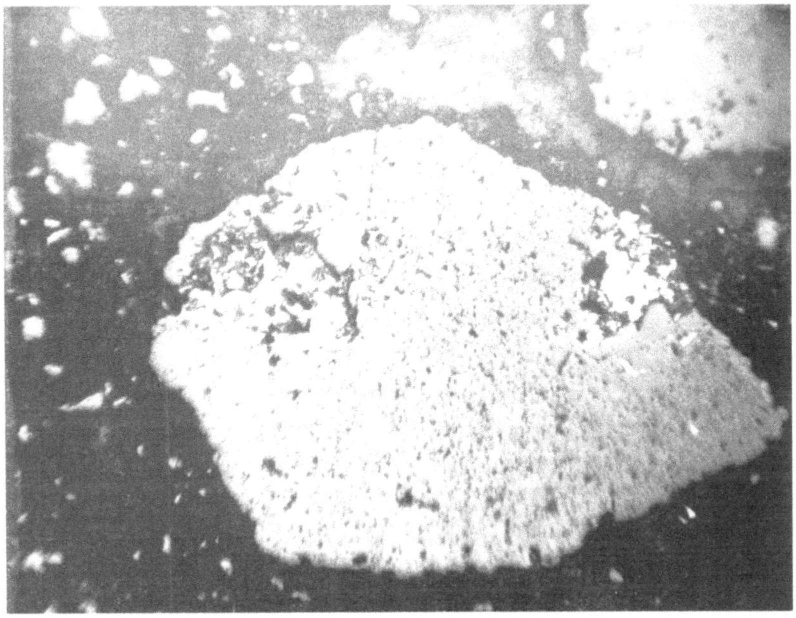

Abb. 13. Fundort ders., Probe II. Geröll aus Porphyr mit 2 Quarzdrusen, die mit Kupferkies + Bleiglanz gefüllt sind. V = 77 ×

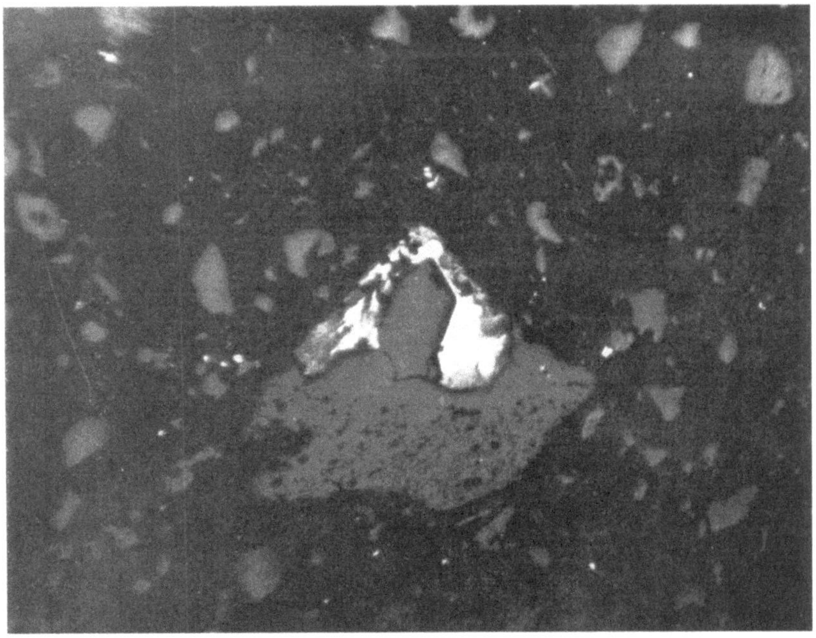

Abb. 14. Fundort ders., Probe IV. Porphyrgeröllchen mit Bergkristall + Bornit + Kupferkies. V = 110 ×

Abb. 15. Geschnittene Fläche eines Bohrkerns. Bohrung Plötz-Schiedsberg. Propylitisierter, Quarz führender Pyroxenandesit. Bleiglanz (Zinkblende-Pyrit-)Vererzung (weiß) in Nestern innerhalb der Propylitbrekzie und auf feinsten Haarrissen (teils weiß, teils schwarz) im Gesamtgestein. Wenig vergrößert. Fund von Geologie-Ing. NEUKIRCHNER)

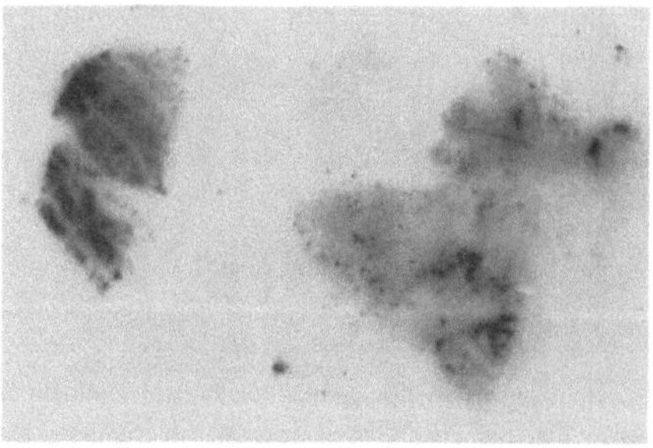

Abb. 24. Hohenthalschacht, Handst. 48, Anschl. 44/57, Dünnschl. 288/48. Radiogramm eines Anschiffes. „Radioanthraxolith" (grau). Schwarze Punkte = Reste von Uranpechblende. (vgl. Abb. 25)

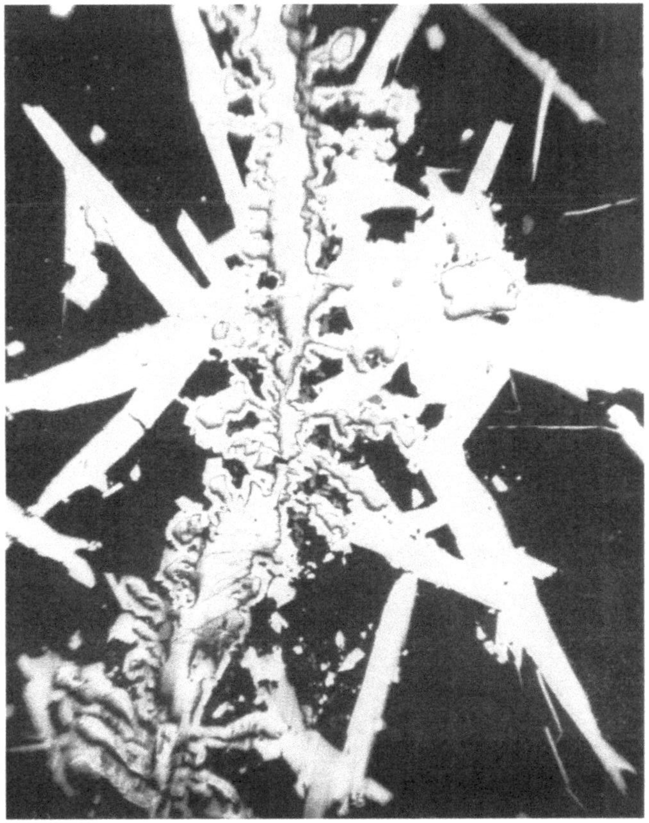

Abb. 16. Hohenthalschacht, Handst. 147, Anschl. 168/50. Skelett von Wismut 1 mit dünner Überwachsung von Rotnickelkies (+ Nic!), mit Tafeln von Maucherit. Gangart: Kalzit mit idiomorphen Kriställchen von Rotnickelkies. In den Löchern Uranpechblende in Tropfen (hellgrau). Kalzit + Wismut 2. V = 80 ×

Abb. 17. Hohenthalschacht ?, Handst. 216, Anschl. 46/50. Querschnitt durch einen Wismutdendriten mit dünner Kruste von Rotnickelkies, überwachsen von Rammelsbergitbäumchen. V = 60 × (+ Nic)

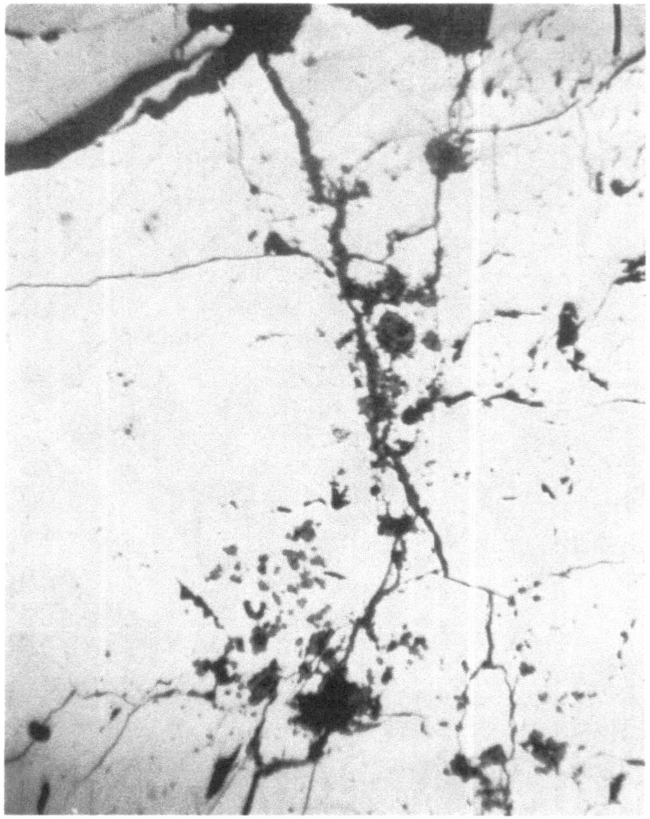

Abb. 18. Hohenthalschacht, oberh. 1. Sohle, am Hövelschachter Flachen, Handst. 13, Anschl. 193/49. Feinste Uranpechblendetropfen auf Rissen mit Kalzit in Rammelsbergit. Tektonische Phase nach der Rotnickelkiesparagenese. V = 80 ×

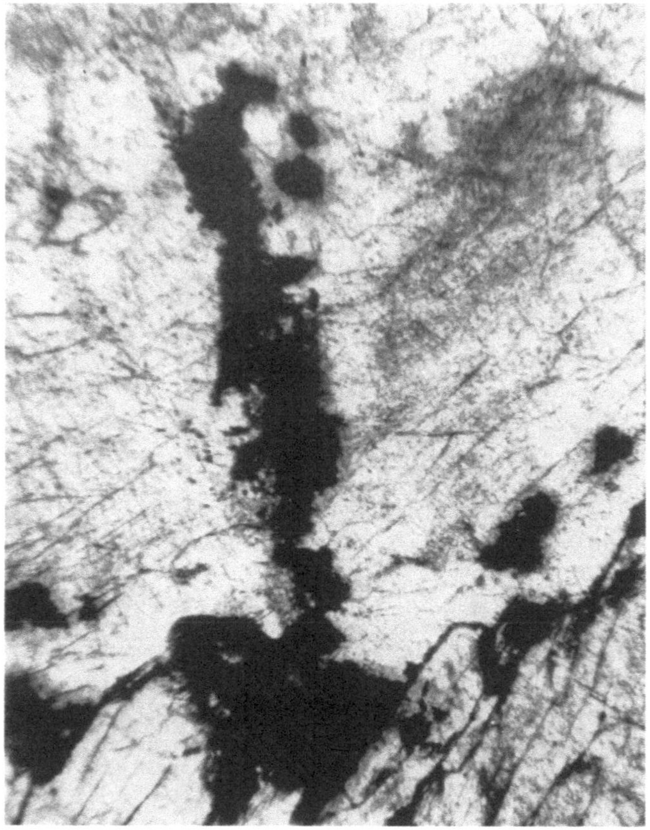

Abb. 19. Hohenthalschacht, 300 m südl. vom Hövelschachter Flachen, 2. Sohle, Handst. 22, Anschl. 170/49. Roter Baryt mit Uranpechblende an den Korngrenzen oder in feinsten Tropfen eingeschlossen erzeugt hellgelbliche Ränder, pleochroitische Höfe und Roteisenentmischung. V = 112 ×

Abb. 20. Hohenthalschacht, Hessenwinkel, Handst. 141, Anschl. 588/49. Trigonaler Quarz, umgeben von Uranpechblende (schwarz), die roten Baryt, Anhydrit und Gips verdrängt. V = 9 ×

Abb. 21. Dasselbe, Handst. 141. Der trigonale Quarz ist zerbrochen und wird auf Rissen von Uranpechblende durchdrungen, die in den äußersten Schalen des Zonenbaues feinste Belege auf Kristallflächen bildet. Durch radioaktive Einwirkung erzeugte optische Anisotropie. V = 17 ×

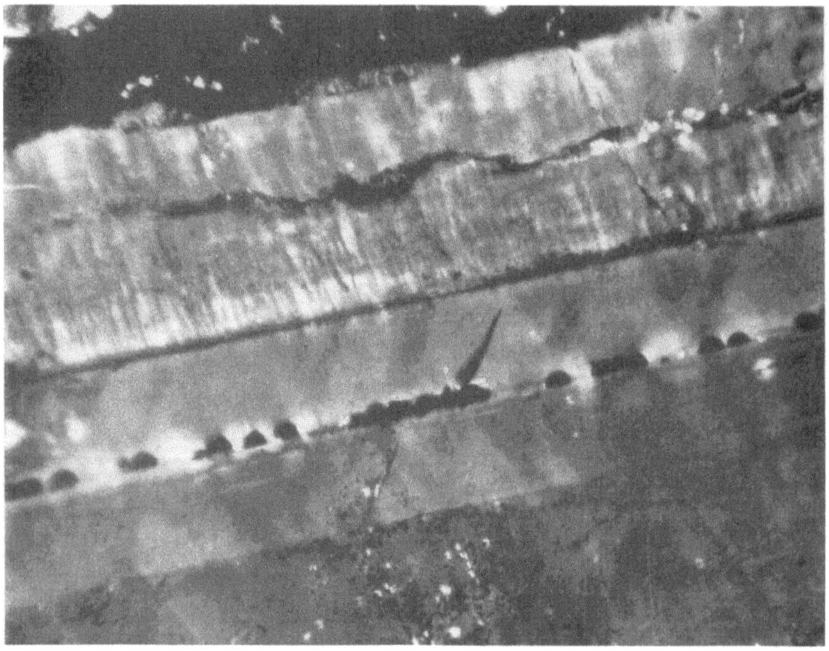

Abb. 22. Dasselbe. Ausschnitt aus dem äußersten Zornarbau des Quarzkristalls. Uranpechblendetropfen und zusammenhängende Bestege auf den ehemaligen Kristalloberflächen erzeugen radioaktive Höfe oder stengelige Anisotropie. V = 110 ×

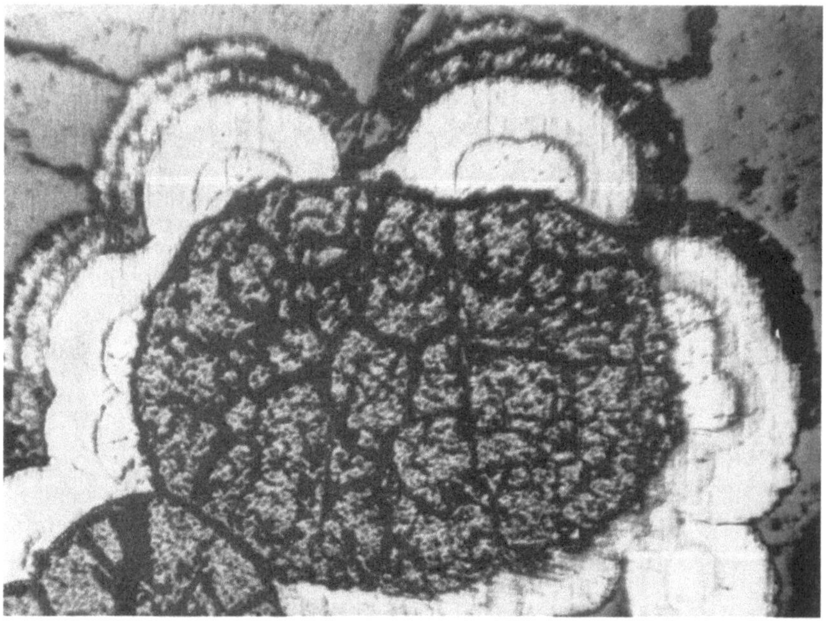

Abb 23. Hohenthalschacht, Handst. 22, Anschl. 332/48. Gelbliche Uranpechblende, kolloform, mit Warzen von gelblichem Rhenium-Molybdän-Sulfid und weißgrauem Molybdänglanz. V = ca. 60 ×

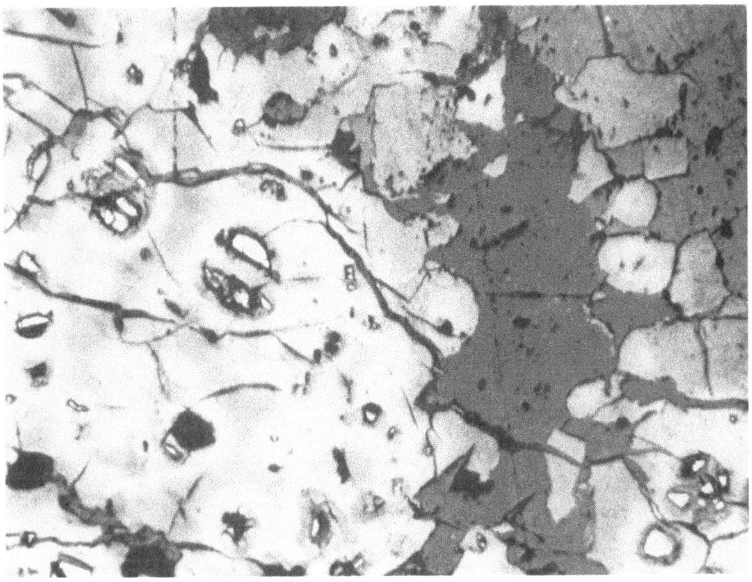

Abb. 25. Fundpunkt ders. Restkörner von Uranpechblende (weiß) in „Radioanthraxolith" erzeugen radioaktiv ansisotrope Höfe (weiß). Gangart Kalzit. V = ca. 80 × (vgl. Abb. 24, bei Abb. 15)

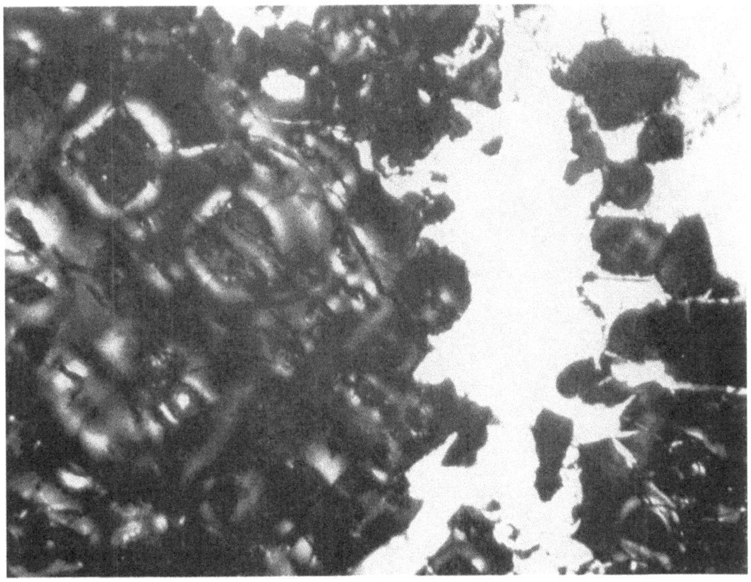

Abb. 26. dass. Bei + Nic. treten die radioaktiv erzeugten Spannungshöfe um die restlichen Körner von Uranpechblende deutlich hervor. V = ca. 80 ×

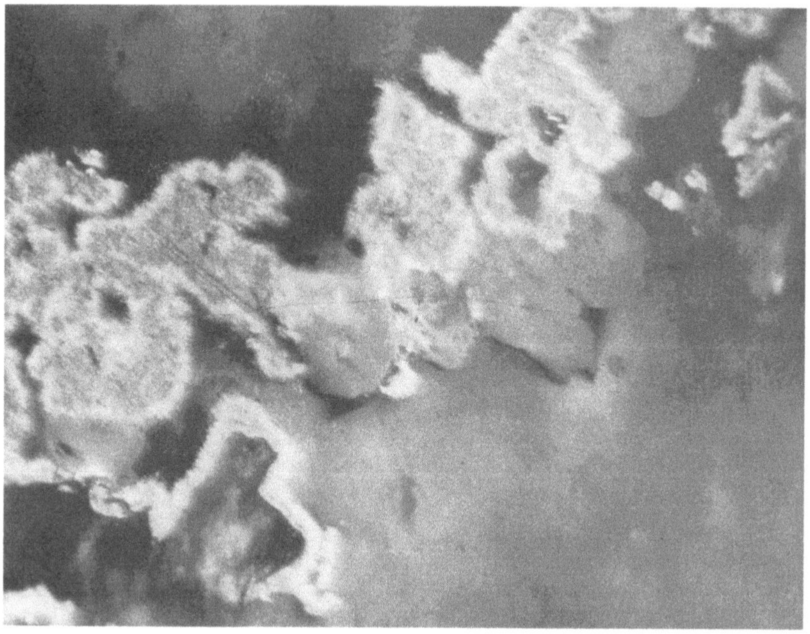

Abb. 27. Hohenthalschacht. Bitumentropfen mit suspendierten, an der Oberfläche besonders angereicherten feinsten Schüppchen von Molybdänglanz. V = ca. 180 ×, Ölimmersion

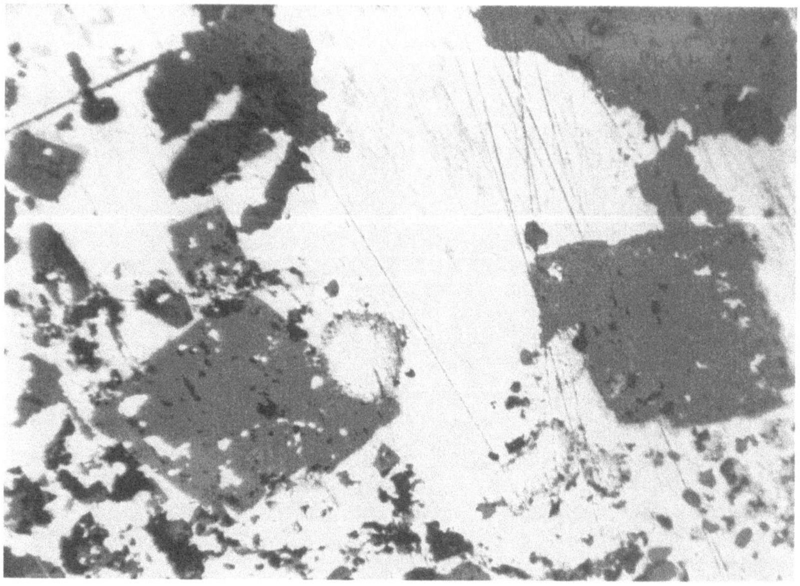

Abb. 28. Hohenthalschacht ? Kügelchen von Molybdänglanz ragen aus Rhomboedern von Kalzit. Weißer, blei-silber-reicher Kupferglanz als nachfolgende Mineralbildung mit grauen Reaktionsrändern von Bornit. Wichtiges Paragenesenbild zur Verknüpfung der Ni–U–Mo-Paragenese mit der Cu–Ag–Pb–Zn-Paragenese in hydrothermalen Rückenspalten. V = 80 ×

FSC
www.fsc.org
MIX
Papier | Fördert
gute Waldnutzung
FSC® C083411

Kolibri 360 GmbH
Ferdinand-Jühlke-Straße 7
99095 Erfurt, Deutschland
produktsicherheit@kolibri360.de